DEUTSCHE AKADEMIE DER WISSENSCHAFTEN ZU BERLIN
VORTRÄGE UND SCHRIFTEN

HEFT 93

LAJOS JÁNOSSY

ZUM GEDENKEN AN DEN VOR 50 JAHREN ERBRACHTEN NACHWEIS DER EXISTENZ DER KOSMISCHEN STRAHLUNG DURCH V. F. HESS UND W. KOLHÖRSTER

AKADEMIE-VERLAG · BERLIN
1964

Vortrag,

gehalten von Hrn. JÁNOSSY am 19. Dezember 1963

in der Plenarsitzung der Klasse für Mathematik, Physik und Technik

der Deutschen Akademie der Wissenschaften zu Berlin

Erschienen im Akademie-Verlag GmbH, Berlin W 8, Leipziger Straße 3—

Lizenznummer: 202 · 100/426/64

Gesamtherstellung: VEB Druckerei „Thomas Müntzer" Bad Langensalza

Bestellnummer: 2003/93 · ES 18 D 1 · Preis: MDN 2,10

I

Wenn wir davon sprechen, daß die kosmische Strahlung vor 50 Jahren entdeckt wurde, so müssen wir uns vor Augen halten, daß das Datum einer Entdeckung niemals genau festgelegt werden kann. Diese Feststellung trifft auch auf den Fall der kosmischen Strahlung zu. Der Gedanke, daß die Erde von einer aus dem Weltraum stammenden Strahlung getroffen wird, wurde im Jahre 1900 von C. T. R. Wilson in England zuerst geäußert. Wilson und zugleich mit ihm Elster und Geitel in Deutschland untersuchten die elektrische Leitfähigkeit von Gasen. Theoretisch mußte man annehmen, daß Gase die Elektrizität überhaupt nicht leiten. Es war zwar bekannt, daß der Blitz oder ein Funke die Luft sozusagen gewaltsam zu durchschlagen vermögen, ob aber diese und andere Gase auch in einer dem Draht ähnlichen Weise leitfähig sind, war eine offene Frage.

Um diese zu beantworten, wurde ein in ein geerdetes Metallgefäß gebrachtes Elektroskop aufgeladen und untersucht, ob es seine elektrische Ladung durch die sich im Gefäß befindliche Luft hindurch an das Metallgefäß abgibt. Die Versuche zeigten, daß dies tatsächlich der Fall ist, und damit war bewiesen, daß die Luft eine, wenn auch nur kleine, so doch merkliche elektrische Leitfähigkeit besitzt.

Es war für die weitere Entwicklung von großer Bedeutung, daß man sich mit der scheinbaren Widerlegung der theoretischen Vorstellung, nach der Gase in ihrem natürlichen Zustand keine elektrische Leitfähigkeit besitzen, nicht zufrieden gab, sondern an der Richtigkeit der ursprünglichen Vorstellung über die Leitfähigkeit der Gase festhielt und annahm, daß die im Gefäß befindliche Luft in einem angeregten Zustande gewesen sein müsse. Wie wir wissen, können tatsächlich die Moleküle eines Gases, wenn sie von einer äußeren Strahlung getroffen werden, zerrissen werden. Die Bruchstücke sind die sogenannten Ionen. Die Ionen selbst tragen elektrische Ladung und sind daher geeignet, elektrische Ladung zu transportieren.

Nachdem es sicher war, daß die Luft im Laboratorium eine gewisse elektrische Leitfähigkeit besitzt, stellte C. T. R. WILSON die kühne Hypothese auf, daß diese Leitfähigkeit von einer aus dem Weltall einfallenden durchdringenden Strahlung herrühre. Der Gedanke der Existenz einer kosmischen Strahlung trat somit zum ersten Male im Jahre 1900 auf.

C. T. R. WILSON versuchte nun, seine Hypothese experimentell zu bestätigen. Zu diesem Zweck umgab er das Gefäß, in dem sich das Elektroskop befand, mit einer Bleischicht und hoffte, daß diese die von außen eindringende Strahlung abschirmen und damit die Leitfähigkeit der Luft reduzieren würde. Das Abschirmen durch Blei verursachte tatsächlich eine Reduktion der Leitfähigkeit der eingeschlossenen Luft, jedoch in kleinerem Maße als erwartet. Um die Frage weiter zu klären, wurde die Leitfähigkeit der Luft in einem Eisenbahntunnel gemessen. Man ging von der Vorstellung aus, daß der Berg, in dessen Innerem die Messung vor sich ging, die von außen kommende Strahlung gänzlich abschirmen müßte. Jedoch auch im Tunnel fand WILSON eine Leitfähigkeit, die nicht erheblich kleiner war als die draußen gefundene, und dieses Resultat veranlaßte WILSON, seine Hypothese aufzugeben.

Im Laufe der folgenden Jahre wurden sehr viele Untersuchungen zur Aufdeckung der Ursache der elektrischen Leitfähigkeit der Luft durchgeführt. Es zeigte sich, daß der größte Teil dieser Leitfähigkeit tatsächlich einer Strahlung zu verdanken ist, jedoch schien diese radioaktiver Natur zu sein. Es konnte festgestellt werden, daß es sich zum Teil um Strahlung handelte, die von den radioaktiven Verunreinigungen der Wände des Gefäßes, in dem die Luft eingeschlossen war, verursacht war, und zum anderen Teil um eine vom Erdboden ausgesandte Strahlung.

Die aus dem Erdboden stammende Strahlung wurde „durchdringende Strahlung" genannt, und es zeigte sich, daß ihre Intensität mit der Entfernung vom Erdboden abnahm. Diese Abnahme konnte durch Absorption der Strahlung längs ihres Weges in der von ihrem Ursprung bis zur Apparatur durchsetzten Luftschicht gedeutet werden. Jedoch zeigten Messungen, die auf der Spitze des Eiffelturmes ausgeführt wurden, daß die Intensität der Strahlung in einer Höhe von 300 m wieder die gleiche ist wie am Erdboden. Die wieder zunehmende Intensität mußte so gedeutet werden, daß ein Teil der Strahlung doch von oben kommen müsse.

In jenen Jahren begann eine heftige Diskussion für und wider die Existenz von kosmischen Strahlen. Viele Physiker betrachteten die Hypothese ihrer Existenz als reine Phantasie, und in jener Zeit gehörte es nicht zum guten Ton, über diese Strahlung ernst zu sprechen. Damals wurde auch eine Dissertation in Graz angenommen, deren Thema es war zu beweisen, daß es kosmische Strahlen nicht geben könne. Mit diesem Ereignis hat sich die Geschichte wiederholt: Uns allen ist die berühmte Dissertation bekannt, die beweisen wollte, daß sich nur 7 Himmelskörper um die Sonne bewegen können.

Unter den wenigen Forschern, die die Hypothese der kosmischen Strahlen nicht aufgeben wollten, befanden sich Viktor Hess und Werner Kolhörster. Hess hatte die gute Idee, durch Freiballonaufstiege den Intensitätsverlauf der Strahlung zu untersuchen. Er gelangte bis etwa 5000 Meter Höhe und fand eine erhebliche Zunahme der Strahlungsintensität. Ein

Jahr später stieg KOLHÖRSTER bis über 9000 Meter Höhe hinauf und fand, daß die Leitfähigkeit der Luft in dieser Höhe mehr als das 10fache der Leitfähigkeit am Erdboden beträgt. Heute können wir ruhig behaupten, daß das Ergebnis dieser Aufstiege, das übrigens später durch viele weitere Messungen bestätigt wurde, die eigentliche Entdeckung der kosmischen Strahlen bedeutete. Damals wurden jedoch die Ergebnisse von HESS und KOLHÖRSTER vielfach angezweifelt, und noch im Jahre 1923 machte MILLIKAN Ballonaufstiege, mit deren Ergebnissen er HESS und KOLHÖRSTER zu widerlegen glaubte. Im Jahre 1925 allerdings unternahm MILLIKAN erneut Ballonaufstiege, deren Resultate ihn — seine Vorgänger völlig vergessend — zur „Entdeckung" einer neuen Strahlung führten, die noch lange nachher als die „MILLIKANsche Strahlung" erwähnt wurde.

Ungefähr um das Jahr 1926 erhärtete sich die Ansicht, daß die HESSschen und die KOLHÖRSTERschen Messungen verläßlich seien, und daß die Erde tatsächlich von einer von außen kommenden Strahlung getroffen werde. Zuerst wurde für sie die Bezeichnung Ultragamma-Strahlung, später aber, als es sich herausstellte, daß die Strahlung keine Gamma-Strahlung ist, Ultrastrahlung vorgeschlagen. KOLHÖRSTER schlug den Ausdruck „Höhenstrahlung" vor, der in der deutschen Literatur viel benutzt wird. In der ausländischen Literatur werden Ausdrücke wie „cosmic rays", „космические лучи", „rayons cosmiques", also der „kosmischen Strahlung" entsprechende Bezeichnungen, verwandt.

II

Nachdem die Existenz einer kosmischen Strahlung als bewiesen anzusehen war, konnte die Forschung einen Schritt weiter gehen. Es begann nun eine außerordentlich interessante

Periode, in der die Natur und die Eigenschaften der Strahlung aufgedeckt wurden. Ich selbst hatte das Glück, beinahe 20 Jahre aktiv an dieser Arbeit teilnehmen zu können, und ich möchte Ihnen die Entwicklung, die ich selbst miterlebt habe, hier an Hand einiger Resultate schildern.

Während es noch am Anfang des Jahrhunderts große Schwierigkeiten bereitetete, sich überhaupt der Existenz der Höhenstrahlung zu vergewissern, kann man heute mit einfachen Mitteln nicht nur ihre Existenz, sondern auch ihre Eigenschaften in ihren Einzelheiten einfach demonstrieren, und es wäre z. B. ohne weiteres möglich, mit Hilfe einer sogenannten Koinzidenzanordnung dies in diesem Saale durchzuführen.

Die Erforschung der Strahlung wurde durch die Einführung neuer, zuverlässiger experimenteller Methoden ermöglicht. Eine große Rolle spielte dabei das von Geiger und Müller konstruierte Zählrohr. Das Geiger-Müller-Zählrohr ist geeignet, kosmische Strahlen zu registrieren, jedoch hat es den Nachteil, daß es in gleicher Weise auf kosmische wie auf radioaktive Strahlen anspricht.

Eine für die Untersuchung der kosmischen Strahlen außerordentlich wichtige Methode wurde von Bothe und Kolhörster ausgearbeitet, die darauf beruht, daß im Gegensatz zu radioaktiven Strahlen die kosmischen Strahlenteilchen fähig sind, zwei oder mehrere Zählrohre nacheinander zu durchsetzen und sie alle zum gleichzeitigen Ansprechen zu bringen. Diese Eigenschaft ermöglicht die direkte Beobachtung der kosmischen Strahlen und wird in der sogenannten Koinzidenzanordnung ausgenutzt. Diese besteht z. B. aus 2 oder 3 übereinander angebrachten Zählrohren, die so zusammengeschaltet sind, daß sie ein Signal (eine Koinzidenz) geben, wenn ein kosmisches Teilchen durch sie hindurchgeht.

Mit Hilfe einer derartigen Anordnung läßt es sich z. B. zeigen, daß mehr kosmische Teilchen vertikal von oben als in geneigten Richtungen auf die Erde fallen. Diese Tatsache wird dadurch erklärt, daß ein aus dem Weltenraum kommendes, vertikal auf die Erde auffallendes Teilchen einen kleineren Weg durch die Atmosphäre zurückgelegt hat als ein Teilchen, das in geneigter Richtung ankommt, also schräg die Atmosphäre durchsetzt hat. Mehr Teilchen vermögen die Atmosphäre auf dem kürzeren Weg, d. h. senkrecht, zu durchsetzen als in geneigten Richtungen.

Ein anderes wichtiges Instrument, das zur Erforschung der kosmischen Strahlung verwendet wurde, ist die sogenannte WILSONsche Nebelkammer. Die Nebelkammer wurde von C. T. R. WILSON am Anfang dieses Jahrhunderts konstruiert, um die Spuren radioaktiver Teilchen sichtbar zu machen. Durch eine plötzliche Abkühlung des Gases in der Kammer wird erreicht, daß sich feine Nebelstreifen entlang den Bahnen von Teilchen, die die Kammer kurz vor der Abkühlung des Gases durchsetzt haben, bilden. Diese können dann auch photographisch festgehalten werden.

Die Tatsache, daß auch kosmische Strahlen in einer Nebelkammer Spuren erzeugen, wurde im Jahre 1929 von dem sowjetischen Physiker SKOBELZYN entdeckt. SKOBELZYN untersuchte die Spuren von Beta-Teilchen, die von einem sich in der Kammer befindlichen Präparat ausgingen. Er fand außer den Beta-Spuren auch vom Präparat unabhängige Spuren auf den Photographien. Wurde nun vor dem Photographieren ein starkes Magnetfeld eingeschaltet, so erschienen auf der photographischen Platte die Spuren der Beta-Teilchen als Spiralen. Die Spuren, auf die SKOBELZYN aufmerksam wurde, zeigten jedoch nur sehr geringe Krümmung und mußten daher von Teilchen viel größerer Energie herrühren, als sie Beta-Strahlen besitzen können. Die Schätzungen ergaben, daß diese Teilchen wesentlich mehr als zehn Millionen Volt Energie besitzen müssen, und SKOBELZYN schloß daraus, daß es sich um kosmische Strahlenteilchen handeln müsse.

III

Nachdem also die Instrumente, mit deren Hilfe die kosmischen Strahlen verhältnismäßig leicht beobachtet werden konnten, entwickelt waren, konnte nun die Frage nach der Natur der Teilchen in Angriff genommen werden. Es erschien eine lange Zeit als selbstverständlich anzunehmen, daß es sich um Elektronen handele, und der Ausdruck „Höhenstrahlen-Elektronen" wurde leichtfertig benutzt. Es zeigte sich jedoch bald gerade durch Nebelkammeraufnahmen, bei denen magnetische Felder eingeschaltet waren, daß die kosmischen Strahlenteilchen positive und negative elektrische Ladungen tragen, während man doch in dieser Zeit glaubte, daß Elektronen nur negative Ladung besitzen.

Im Jahre 1933 gelang es ANDERSON und NEDDERMEYER und unabhängig von ihnen BLACKETT und OCCHIALINI zu zeigen, daß sich unter den kosmischen Strahlenteilchen positiv geladene Elektronen befinden. Diese Ergebnisse bestätigten glänzend die von DIRAC schon vor der Entwicklung des positiven Elektrons aufgestellte Theorie, aus der die Existenz des positiven Elektrons zwangsläufig folgte.

Nach der experimentellen Entdeckung des positiven Elektrons und seiner Identifizierung mit den von DIRAC vorhergesagten Teilchen schien es naheliegend anzunehmen, daß die kosmischen Strahlenteilchen hauptsächlich aus positiven und negativen Elektronen bestehen. Jedoch bestätigte sich diese Vermutung nicht, und die weitere Entwicklung nahm einen merkwürdigen Verlauf.

Es zeigte sich, daß die am Erdboden beobachtete kosmische Strahlung zum größten Teil aus den sogenannten Mesonen besteht. Diese sind Elementarteilchen, deren Masse etwa 200mal größer ist als die des Elektrons. Die erste Nebelkammeraufnahme eines Teilchens, von dem man feststellen konnte, daß es sich um ein solches Meson handle, wurde von KUNZE in Rostock erhalten. Da es sich nur um einen einzelnen Fall handelte, wurde der Photographie KUNZES kein großes Gewicht beigelegt und man übersah sein Resultat. Später wurden von ANDERSON und anderen Photographien von Spuren von Elementarteilchen erhalten, mit deren Hilfe es gelang, eindeutig zu beweisen, daß die kosmischen Teilchen Elementarteilchen mit einer Masse von etwa der 200fachen der Elektronenmasse sind.

Kurze Zeit vor der experimentellen Entdeckung des Mesons arbeitete YUKAWA die Theorie des Beta-Zerfalls aus, und in dieser Theorie stellte er die Hypothese auf, daß es elementare Teilchen geben müsse, deren Masse etwa die 200fache der Elektronenmasse sei. YUKAWA sagte voraus, daß diese Teilchen wahrscheinlich in der kosmischen Strahlung zu finden seien.

Die Übereinstimmung zwischen Experiment und Theorie schien ausgezeichnet. Sie wurde noch dadurch verstärkt, daß YUKAWA im voraus behauptete, daß die Mesonen (d. h. die von ihm vorhergesagten Teilchen) instabil seien und kurze Zeit nach ihrer Erzeugung zerfallen würden. Auch dies schien in Übereinstimmung mit den in der kosmischen Strahlung gefundenen Teilchen, deren Instabilität tatsächlich gezeigt werden konnte.

Es wirkte daher als eine große Überraschung, als sich nach langen und komplizierten, sich auf zahlreiche Experimente stützenden Diskussion zeigte, daß die von YUKAWA vorausgesagten mit den in der kosmischen Strahlung beobachteten Teilchen nicht identisch waren. Die von YUKAWA vorausgesagten Teilchen sollten nämlich im Aufbaumechanismus der Atomkerne eine große Rolle spielen. Sie sollten — bildlich gesprochen — der Zement sein, der die den Atomkern bildenden Teilchen zusammenhält. Dementsprechend wäre eine starke Wechselwirkung zwischen den YUKAWA-Teilchen und den Atomkernen zu erwarten gewesen, und ein solches von außen kommendes Teilchen sollte bei einem Zusammenstoß mit einem Atomkern erwartungsgemäß einen großen Teil seiner Energie an den Atomkern übertragen und diesen auf diese Weise zur Explosion oder Umgestaltung bringen.

Im Gegensatz zu diesen Erwartungen fand man, daß die in der kosmischen Strahlung beobachteten Mesonen durch die Atomkerne ohne weiteres hindurchfliegen können, als ob der Atomkern für sie völlig durchlässig sei, mit anderen Worten, daß sie mit den Teilchen des Atomkerns praktisch keine Wechselwirkung zeigen. Dies bewies eindeutig, daß sie, wenn sie auch in anderen Beziehungen auffallende Ähnlichkeit mit den von Yukawa vorausgesagten Teilchen hatten, doch nicht mit ihnen identisch waren.

Das Rätsel wurde endlich durch Occhialini und Powell gelöst, die entdeckten, daß in den kosmischen Strahlen neben den bisher einzig bekannten Mesonen — den sogenannten μ-Mesonen — noch eine andere Art von Mesonen, wenn auch in geringerer Häufigkeit, existiert. Dieses neuartige Meson erhielt den Namen π-Meson. Es hat eine etwas größere Masse als das μ-Meson und eine ungefähr 100mal kürzere mittlere Lebensdauer. Diese π-Mesonen zeigen eine starke Wechselwirkung mit dem Atomkernen, sie sind die Teilchen, die Yukawa theoretisch vorausgesagt hatte.

Die Entdeckung des π-Mesons geschah mit Hilfe der Emulsionstechnik. Eine von schnellen Teilchen getroffene photographische Emulsion zeigt nach ihrer Entwicklung Spuren von der Art, wie sie in der Nebelkammer beobachtet werden können. Die Methode der Registrierung von Teilchen mit Hilfe von Emulsionen wurde von Powell und seinen Mitarbeitern zu einer Präzisionsmethode entwickelt und spielt auch heute in den verschiedensten Gebieten der Atomphysik eine große Rolle.

IV

Ich habe die Entdeckung des positiven Elektrons und die des μ-Mesons als Beispiele herausgegriffen, um die Fragen, die in den Jahren der Erforschung der kosmischen Strahlung eine große Rolle spielten und auch gelöst wurden, zu illustrieren. Ein vollständigeres Bild dieser Forschung gab ich z. B. in meinem populärwissenschaftlichen Buch „Kosmische Strahlung", das im VEB Deutscher Verlag der Wissenschaften erschienen ist. Hier will ich mich mit den weiteren Fragen nicht befassen, ich möchte nur noch ein Problem besprechen, dessen Klärung zum Verständnis des Obengesagten notwendig ist.

Wie bereits erwähnt, hat das μ-Meson eine Lebensdauer von nur 2 Mikrosekunden, und daher kann ein solches Teilchen, wenn es sich mit nahezu Lichtgeschwindigkeit bewegt, nicht mehr als 600 Meter zurücklegen, bevor es zerfällt. Es ist daher klar, daß die μ-Mesonen nicht aus den fernen Teilen des Weltenraums zu uns kommen können. Tatsächlich wissen wir, daß die primären kosmischen Strahlen, das heißt die Strahlung, die die Erdatmosphäre aus dem Weltraum erreicht, zum großen Teil aus Protonen bestehen, außerdem aber Kerne der verschiedensten Atome enthalten. Diese Primärteilchen erzeugen Mesonen, wenn sie mit den Atomen der Luft in den oberen Schichten der Atmosphäre zusammenstoßen.

Die Mesonen sind also sekundären Ursprungs. Wie sich aus der Beobachtung ergibt, entstehen sie in Höhen von mehr als 10 km über dem Erdboden, und es ist daher nicht unmittelbar verständlich, wie sie den Erdboden erreichen können.

Die Antwort auf diese Frage gab die Relativitätstheorie, nach welcher sich die innere Bewegung eines sich mit großer Geschwindigkeit bewegenden physikalischen Systems verlangsamt. Auf unseren Fall angewandt heißt dies, daß sich die innere Bewegung der μ-Mesonen, die sich mit großer Geschwindigkeit durch die Atmosphäre bewegen, verlangsamt und sie daher langsamer zerfallen als die relativ zum Erdboden ruhenden. Auf diese Weise können also die schnellen Mesonen einen Weg von 10 km oder mehr zurücklegen, bevor sie zerfallen. Diese Beobachtung an den μ-Mesonen gab die erste Bestätigung des von der Relativitätstheorie vorhergesagten Effektes, und zwar bei solchen Geschwindigkeiten, bei denen dieser nicht nur als eine sehr kleine Korrektion erscheint, sondern eine Verlangsamung um das 10- bis 100fache bedeutet.

V

Mit der Einführung und der Ausarbeitung der Emulsionstechnik ergaben sich für die kosmische Strahlenforschung neue Möglichkeiten, und es zeigte sich im Laufe der Jahre, daß die kosmischen Strahlen eine ganze Anzahl von sonderbaren, bis dahin unbekannten Elementarteilchen enthalten. Diese Teilchen sind meist sehr instabil und zerfallen nach sehr kurzer Zeit, weswegen sie vor der Einführung der Emulsionstechnik nicht aufgefunden werden konnten. Die experimentellen und theoretischen Untersuchungen dieser Vielfalt von Elementarteilchen, von denen wir heute mehr als 30 kennen, entwickelten sich zu einem neuen Zweig der Physik. Diese Untersuchungen sind heute noch keineswegs abgeschlossen, und es ist die Überzeugung der Physiker, daß die grundlegenden Zusammenhänge und die Bedeutung dieser Elementarteilchen heute noch nicht wirklich aufgedeckt sind.

Nach dem zweiten Weltkrieg wurden große Teilchenbeschleuniger entwickelt, mit deren Hilfe es gelang, Mesonen künstlich zu erzeugen. Mit der weiteren Entwicklung der Technik wuchs die mit den Beschleunigern erreichbare Teilchenenergie immer mehr an, und so konnten mehr und mehr Prozesse, die zuerst nur in den kosmischen Strahlen beobachtet worden waren, auch im Laboratorium erzeugt und untersucht werden — und dabei wurden neue, bisher unbekannte Prozesse entdeckt. Heute spielen die Beschleuniger in der Erforschung der Elementarteilchen eine große Rolle. Die kosmischen Strahlenforschungen haben jedoch noch immer das Monopol, wenn es sich um die Untersuchung von Prozessen allerhöchster Energie handelt, das heißt um Prozesse, die Energien erfordern, die auch die größten Beschleuniger nicht liefern können.

VI

Die Entdeckungen des π-Mesons, des μ-Mesons und die Erforschung einiger ihrer Eigenschaften waren das Resultat der sehr eingehenden Analyse von wenigen in photographischen Emulsionen gefundenen Prozessen. Das verhältnismäßig kleine Material wurde von vielen Forschern mit großer Sorgfalt analysiert, diskutiert und endlich gedeutet.

Die immer weitere Verbreitung der Emulsionstechnik macht die Untersuchung der feineren Einzelheiten und der quantitativen Zusammenhänge der verschiedenen elementaren Prozesse, die in den Emulsionen gefunden werden, möglich; diese können nur aus einem großen Material und mit großer Mühe gewonnen werden. In vielen Laboratorien suchen Laboranten in reiner Routinearbeit viele Stunden lang Emulsionen ab und notieren und analysieren charakteristische Prozesse. Diese mühsame Arbeit des Absuchens von Platten durch einzelne Beobachter liefert jedoch noch immer nicht genügend Material, um genaue Informationen von den Emulsionsplatten ablesen zu können; dazu müssen viele Prozesse statistisch untersucht werden. Statistische Gewißheit kann man aber nur mit Hilfe von einer sehr großen Zahl von Ereignissen erreichen.

Die für diesen Zweck konstruierten Automaten erleichtern die mühsame Arbeit und vergrößern das Zahlenmaterial erheblich. Wir bemerken hier, daß neben der Emulsionstechnik heute auch die ihr verwandte Blasenkammertechnik eine große Rolle spielt. Das von den Automaten aufgehäufte umfangreiche Material kann wegen seines erheblichen Umfanges mit den gewöhnlichen Methoden nicht mehr aufgearbeitet werden und macht die Verwendung von großen elektrischen Rechenmaschinen unumgänglich notwendig. Heutzutage muß ein Laboratorium, das nicht-triviale und neue Resultate auf dem Gebiete der Teilchen höherer Energie erhalten will, unbedingt moderne Automaten und moderne Rechenmaschinen benützen.

VII

Wenn in der Vergangenheit in einer Emulsion eine interessante Aufnahme gefunden wurde, etwa eine komplizierte verzweigte Spur, dann saßen Physiker zusammen und beratschlagten, was diese Spur bedeuten könne. Verschiedene Hypothesen wurden vorgeschlagen und Argumente für und wider erörtert und letzten Endes wurde man sich einigermaßen klar, worum es sich handelte.

Bei Anwendung von Rechenmaschinen können derartige Phänomene automatisch codifiziert und die Resultate innerhalb von Bruchteilen von Sekunden analysiert werden. Die Maschinen ersetzen auf diese Weise die obenbeschriebene Diskussion — soweit sie Routinefragen betrifft — und geben mit erhöhter Sicherheit eine eindeutige Antwort.

Es zeigt sich also, daß Automatik und Rechenmaschinen wichtige und bereits unentbehrliche Werkzeuge der wissenschaftlichen Tätigkeit geworden sind. Jedoch möchte ich den Vortrag mit einer Warnung schließen: Diese Maschinen, die mit einer solchen Geschwindigkeit und Präzision auf Routinefragen Antwort geben können, haben keinen Verstand. Einerseits müssen wir uns zwar auf diese Maschinen verlassen, andererseits aber kann ihre ausschließliche Benützung es mit sich bringen, daß wir neue Phänomene übersehen. Wenn es uns also nicht gelingt, neben der routinemäßigen Ausnützung dieser Maschinen dem wissenschaftlichen Denken genügend Platz zu lassen, so ist die Gefahr eines großen wissenschaftlichen Lehrlaufes außerordentlich groß. Gerade die Entwicklung der kosmischen Strahlenforschung, die ich in diesem Vortrag zu schildern versuchte, zeigt, mit wie primitiven Mitteln es seinerzeit gelang, große und wichtige Entdeckungen zu machen. Sie weist uns auf die wichtige Rolle des schöpferischen Denkens hin in einer Zeit, in der wir ungleich höher entwickelte technische Mittel besitzen, und spornt uns dazu an, Arbeitsmethoden zu entwickeln, in denen bei vollster Ausnutzung der Maschinen die Initiative der Forscher zur Geltung kommt.

Einführung in die Plasmaphysik und ihre technische Anwendung

Vortragsreihe, gehalten im Forschungszentrum Adlershof vom 31. 1. bis 11. 3. 1964

Mit Unterstützung der Forschungsgemeinschaft der Deutschen Akademie der Wissenschaften zu Berlin

(Über wissenschaftliche Grundlagen der modernen Technik Reihe C: Band I)

In Vorbereitung

Die Plasmaphysik hat sich in den letzten zwei Jahrzehnten zu einer führenden Forschungsrichtung entwickelt. Obwohl von zahlreichen Forschungsgruppen in allen Ländern intensiv plasmaphysikalische Fragen bearbeitet werden, wird in keiner der bisherigen Darstellungen der Plasmaphysik der gegenwärtige Stand der wissenschaftlichen Bemühungen auf diesem Gebiet widergespiegelt. Da die Plasmaphysik jedoch in den nächsten Jahren sicher über die bisherigen traditionellen Anwendungsgebiete der elektrischen Beleuchtung, der Spektroskopie und der medizinischen Anwendung hinaus in die Technik eindringen wird (Plasma-Bearbeitungstechnologie, unmittelbare Stromerzeugung aus heißen Gasen), erwies es sich als zweckmäßig, einem größeren Kreis wissenschaftlich-technisch vorgebildeter Interessenten eine Darstellung zu geben, die das Gebiet als Ganzes umfaßt, wobei das Verständnis für die Zusammenhänge und Beziehungen der Dinge im Vordergrund steht.

Vorbestellungen durch eine Buchhandlung erbeten

A K A D E M I E - V E R L A G · B E R L I N

FSC
www.fsc.org
MIX
Papier | Fördert
gute Waldnutzung
FSC® C083411

Zeitfracht Medien GmbH
Ferdinand-Jühlke-Straße 7
99095 Erfurt, Deutschland
produktsicherheit@kolibri360.de